Ma maison d'animaux de compagnie

Théophile Gautier

(Traducteur : Susan Coolidge)

Writat

Cette édition parue en 2024

ISBN : 9789359948270

Publié par
Writat
email : info@writat.com

Contenu

CHAPITRE I .
ANCIEN TEMPS.

Il existe des caricatures qui nous représentent vêtus à la mode turque, assis en tailleur sur des coussins et entourés de chats qui grimpent sans crainte sur nos épaules et même sur notre tête. La caricature n'est rien d'autre qu'une exagération de la vérité ; et la vérité nous force d'avouer que pour les animaux en général, et pour les chats en particulier, nous avons eu toute notre vie la tendresse d'un brahmane ou d'une vieille fille. L'illustre Byron emportait avec lui une ménagerie d'animaux de compagnie même lors de ses voyages et érigea à l'abbaye de Newstead un tombeau dédié à son fidèle Terre-Neuve, « Boatswain », qui porte une épitaphe de la propre composition du poète. Mais bien que nous partagions ainsi ses goûts, il ne faut pas nous accuser de plagiat ; car dans notre cas, cette tendance s'est manifestée avant même que nous ayons commencé à apprendre l'alphabet.

On nous dit qu'un homme intelligent est sur le point de préparer une « Histoire des animaux éduqués » ; nous lui proposons donc ces notes, dont, en ce qui concerne nos animaux, il pourra extraire des informations fiables.

Nos premiers souvenirs de cette nature remontent à notre arrivée à Paris en provenance de Tarbes. Nous avions alors précisément trois ans, ce qui rend difficile de croire les affirmations de MM. de Mirecourt et Vapereau , qui affirment, qu'à cette époque nous avions déjà « reçu une mauvaise éducation » dans notre ville natale. Un mal du pays dont on aurait peine à croire qu'un si jeune enfant soit capable s'empara de nous. Nous ne pouvions parler qu'en *patois* , et ceux qui s'exprimaient en français nous semblaient des étrangers et des extra-terrestres. Au milieu de la nuit, nous nous réveillions et demandions avec tristesse si nous ne pourrions pas bientôt être autorisés à retourner dans notre propre pays.

Aucune friandise ne pourrait nous inciter à manger. Aucun jouet ne l'amusait. Les tambours et les trompettes même ne parvenaient pas à nous tirer de notre mélancolie. Parmi les choses les plus pleurées, il y avait un chien nommé Cagnotte qui avait forcément été laissé sur place. Son absence produisit une telle misère qu'un matin, après avoir jeté par les fenêtres nos soldats de plomb, un village allemand peint de couleurs criardes et nos plus rouges de violons rouges, nous étions sur le point de suivre le même chemin dans l'espoir de retrouver plus tôt Tarbes, Gascogne et Cagnotte , et n'étaient tirés en arrière qu'à temps par le col de notre veste. L'heureuse pensée vint à Joséphine, notre nourrice, de nous dire que Cagnotte , impatiente d'être séparée de nous, venait le jour même à Paris en diligence. Les enfants acceptent l'incroyable avec une foi naïve ; rien ne leur paraît impossible ; mais il est dangereux de les tromper, car une fois leurs opinions formées, toute tentative de les modifier est sans espoir. Toute la journée on demandait tous les quarts d'heure si Cagnotte n'était pas encore venu. Enfin, pour nous apaiser, Joséphine alla acheter sur le *Pont Neuf* un petit chien qui ressemblait un peu au chien de Tarbes. Au début, nous étions méfiants et ne voulions pas le croire pareil ; mais on nous a assuré que les voyages produisaient d'étranges changements dans l'apparence des chiens. Cette explication fut satisfaisante, et le chien du Pont Neuf fut reçu comme l'authentique Cagnotte . C'était un chien aimable, doux et joli. Il nous lécha amicalement les joues et sa langue daigna s'étirer davantage et s'étendre jusqu'au pain et au beurre coupés pour notre déjeuner. La meilleure entente existait entre nous. Malgré cela, le faux Cagnotte devint peu à peu triste, ennuyeux et contraint dans ses mouvements. Il ne se recroquevillait plus facilement pour faire une sieste ; toute sa joyeuse agilité s'évanouit ; il haletait et ne mangeait rien. Un jour, en le caressant, nous avons découvert sur son ventre ce qui semblait être une couture très tendue, comme gonflée. L'infirmière fut appelée ; elle est venue, elle a coupé un fil avec les ciseaux, et voilà ! Cagnotte , sortant d'une sorte de veste de laine d'agneau bouclée dont les marchands du Pont Neuf l'avaient revêtu pour le faire passer pour un caniche, se révélait dans toute sa pauvreté et sa laideur comme un vulgaire gamin des rues, malade. élevé et sans valeur. Il avait grossi et ses vêtements serrés l'étouffaient. Délivré de sa cuirasse, il secoua les oreilles, étendit les jambes et gambada joyeusement dans la pièce, ne s'inquiétant plus de sa laideur, maintenant qu'il se sentait à nouveau à l'aise. Son appétit revint, et dans ses qualités morales nous trouvâmes une compensation à sa perte de beauté. En compagnie de Cagnotte , qui était un véritable enfant de Paris, nous oubliâmes peu à peu Tarbes et les hautes montagnes que nous avions l'habitude de voir de nos fenêtres. Nous avons appris le français, et nous sommes aussi devenus parisiens.

Que personne ne suppose qu'il s'agit d'un conte imaginaire inventé pour amuser le lecteur. Les faits sont strictement vrais, et ils montrent que les marchands de chiens de cette époque étaient aussi ingénieux que le sont les jockeys d'aujourd'hui pour déguiser leurs marchandises afin de tromper les gens de la campagne sans méfiance.

Après la mort de Cagnotte, nos affections se tournèrent vers les chats comme de véritables animaux domestiques et de meilleurs amis au coin du feu. Nous ne tenterons pas de donner un historique détaillé de chacun d'eux. Des dynasties entières de félins, aussi nombreuses que celles des rois égyptiens, se succédèrent dans notre maison ; accident, mort, évasion, les emportant à leur tour. Tous étaient aimés et tous regrettés ; mais la vie est faite d' oublis , et le souvenir des chats disparus s'efface peu à peu comme le souvenir des hommes.

Il est triste que la vie de ces humbles amis, de nos frères inférieurs, ne soit pas mieux proportionnée à celle de leurs maîtres.

Après avoir fait brièvement allusion à un vieux chat gris, qui prenait notre parti contre notre chair et notre sang, et mordait les chevilles de notre mère chaque fois qu'elle nous grondait ou semblait sur le point de nous punir, nous passons à Childebrand , un chat appartenant à l'époque de la romance. On décèlera par son nom le désir secret que nous avions de disputer Boileau , que nous n'aimions pas alors, quoique depuis que nous ayons fait la paix avec lui. Ne fait-il pas dire à Nicolas :

« Ô charmante pensée du poète, le plus ignorant et le plus fade,

Parmi tant de héros à choisir Childebrand » ?

Il ne nous a pas semblé qu'il fallait justifier d'une telle ignorance pour choisir un héros dont personne ne savait rien. A côté de Childebrand, nous avons trouvé un nom impressionnant ; aux cheveux très longs, très mérovingien, gothique et médiéval jusqu'au dernier degré, et de loin préféré à un nom grec, qu'il s'agisse d'Agamemnon, d'Achille, d'Idoménée , d'Ulysse ou de tout autre. Ces prénoms pourtant étaient à la mode, surtout chez les jeunes ; car — pour reprendre une expression tirée des fresques de Kaulbach à l'extérieur de la Pinacothèque de Munich — « Jamais l'Hydre des perruques n'a coiffé des têtes plus hérissées qu'à cette époque » ; et les personnes d'allure classique ont sans doute donné à leurs chats des noms tels que Hector, Ajax ou Patrocles . Notre Childebrand était un magnifique chat des toits, au poil rasé, rayé fauve et noir comme le clown de Saltabadil dans Le Roi s'Amuse . Ses grands yeux verts en amande et son pelage de velours rayé lui donnaient une ressemblance avec un tigre, ce qui nous plaisait beaucoup ; car, comme nous l'avons dit ailleurs, les chats ne sont que des tigres sous un nuage. Childebrand a l'honneur de figurer dans quelques de nos vers, destinés aussi à la déconfiture de Boileau :

Alors je peindrai pour vous ce tableau de Rembrandt

Ce qui me plaît le plus ; et pendant ce temps Childebrand ,

Selon sa coutume, doucement posé sur mon genou,

Il lève sa jolie tête et regarde avec inquiétude

Le mouvement de mon doigt, qui trace dans l'air

Le contour de l'image pour la rendre claire et juste.

Childebrand est une belle comptine pour Rembrandt ; car ce fragment était une sorte de confession de foi et de roman à un ami décédé depuis, qui partageait alors tous nos enthousiasmes pour Victor Hugo, Sainte-Beuve et Alfred de Musset.

Il faut dire de nos chats, comme disait Ruy Gomez de Silva à l'impatient Don Carlos, en lui donnant les noms et titres de ses ancêtres, qui commençaient par « Don Silvius, trois fois élu Consul de Rome », « J'ai sauté certaines le meilleur... », et passons ainsi à Madame Théophile , une chatte rousse, à poitrine blanche, à truffe rose et aux yeux bleus, qui s'appelait ainsi parce qu'elle vivait avec nous dans une intimité presque conjugale, dormant au pied de notre lit, ou sur le bras de notre fauteuil d'écriture ; nous suivant dans nos promenades dans le jardin, nous assistant à nos repas, et interceptant assez souvent les morceaux que nous transportions de notre assiette à notre bouche.

Un jour, un ami, qui quittait la maison pour une courte période, nous a confié un perroquet préféré. L'oiseau, se sentant seul dans une maison étrangère, grimpait à l'aide de son bec jusqu'au sommet du perchoir, et s'y tenait, roulant d'une manière effrayée ses yeux qui brillaient comme des clous dorés, et plissant dessus les membranes blanches qui servi pour les paupières. Madame Théophile n'avait jamais rencontré de perroquet, et cette nouveauté éveilla dans son esprit un étonnement évident. Immobile comme un chat égyptien embaumé dans son réseau de bandages, elle regardait l'oiseau d'un air de profonde méditation, et rassemblait toutes les idées d'histoire naturelle qu'elle avait pu recueillir au cours de ses excursions sur les toits ou dans la cour. et jardin. Les ombres de ses pensées passaient sur ses yeux changeants, et il n'était pas difficile de lire la décision à laquelle elle arriva finalement : « C'est, décidément, c'est un poulet vert !

Cette conclusion parvenue, la chatte sauta de la table qu'elle avait choisie comme observatoire, et s'accroupit dans un coin de la pièce, le ventre au sol, les genoux fléchis, la tête baissée, la colonne vertébrale raidie comme celle de la panthère noire. sur la photo de Gérome alors qu'il regarde les gazelles qui boivent au bord du lac.

Le perroquet suivait chaque mouvement du chat avec une inquiétude fébrile. Ses plumes se hérissaient ; il secouait sa chaîne, levait une de ses griffes et exerçait ses serres, tandis qu'il aiguisait son bec sur le bord du gobelet. Son instinct lui révéla qu'il s'agissait d'un ennemi qui complotait des méfaits.

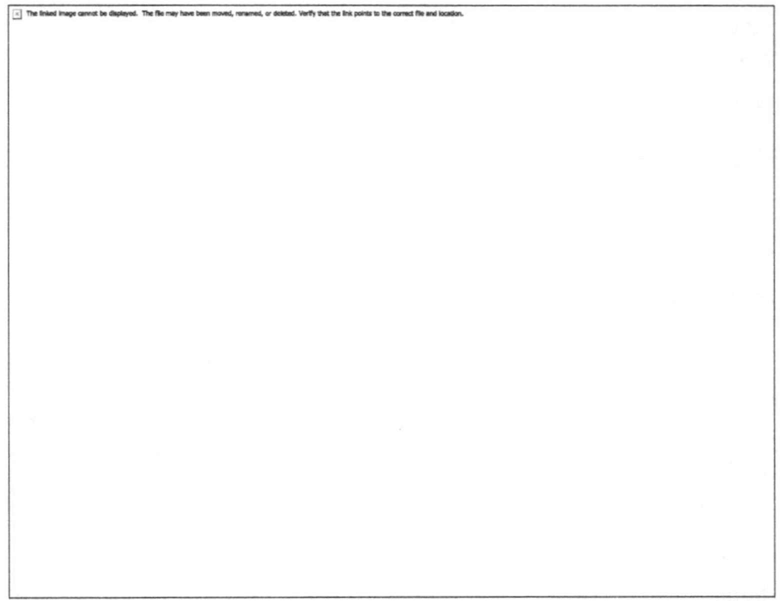

Quant aux yeux du chat, ils étaient rivés sur l'oiseau avec une intensité fascinée.

Quant aux yeux du chat, ils étaient rivés sur l'oiseau avec une intensité fascinée, et disaient clairement, comme des yeux pouvaient parler, et dans un langage que le perroquet ne comprenait que trop bien : « Tout vert qu'il soit, ce poulet est sans aucun doute Bon à manger."

Tandis que nous regardions cette scène avec intérêt, prêts à intervenir chaque fois que cela semblerait nécessaire, Madame Théophile se rapprochait insensiblement de sa proie. Son nez rose frémissait, ses yeux étaient à moitié fermés, ses griffes élastiques se projetaient puis disparaissaient à nouveau dans leurs fourreaux de velours. De petits frissons lui parcouraient le dos : elle était comme un épicurien qui s'attable devant un plat de poulet truffé , et se claque les lèvres d'avance sur le repas choisi et succulent qu'il va déguster. Cette délicatesse exotique chatouillait toutes ses capacités sensuelles.

Soudain, son dos s'est courbé comme un arc qui est plié, et avec un fort élastique, elle s'est posée sur le perchoir. Le perroquet, voyant son danger, dit d'une voix basse et grave comme celle de M. Joseph Prudhomme : « As-tu déjeuné, Jacquot ?

Cette remarque créa dans l'esprit du chat un évident désarroi. Elle fit un brusque bond en arrière. Un coup de trompette, un tas d'assiettes s'écrasant sur le parquet, un coup de pistolet près de l'oreille, n'auraient pas pu inspirer une terreur plus soudaine et plus vertigineuse à un animal de sa race. Toutes ses idées ornithologiques furent d'un coup renversées.

« Et sur quoi ? Sur le rosbif du roi ? continua le perroquet.

Le visage du chat disait maintenant, aussi distinctement que des mots : « Ceci n'est pas un oiseau. C'est un gentleman ! Il parle!"

"Quand je me régale de vin gratuitement,

La taverne se retourne avec moi.

chantait l'oiseau d'une voix formidable ; car il comprit que l'alarme provoquée par ses paroles était son moyen de défense le plus facile . Le chat nous jeta un regard interrogateur et, n'obtenant aucune réponse rassurante, se réfugia sous le lit, d'où il ne put être attiré pour le reste de la journée.

Les gens qui ne sont pas habitués à vivre avec les animaux, ou qui, comme Descartes, ne voient en eux que des organismes irrationnels, supposeront sans doute que ces dessins et réflexions que nous attribuons aux oiseaux et aux bêtes sont de pures inventions de notre imagination. En cela, ils se trompent : nous ne faisons qu'interpréter leurs idées et les traduire fidèlement en langage humain.

Le lendemain, Madame Théophile , reprenant courage, fit une nouvelle tentative sur le perroquet, qui fut repoussé de la même manière. Après cela, elle y renonça et accepta l'oiseau comme un homme.

Cet animal sensible et charmant adorait les parfums. Le patchouli, le parfum des cachemires, la mettait en extase. Elle avait aussi le goût de la musique ; perchée sur une pile de partitions, elle écoutait attentivement et avec un plaisir évident les chanteurs qui venaient tester leur voix à notre piano et recevoir des critiques. Les notes aiguës, cependant, la rendaient nerveuse, et au « la » supérieur, elle avait tendance à fermer la bouche de la chanteuse d'un coup de sa petite patte. C'était une expérience qui nous causa beaucoup d'amusement et qui ne faillit pas. Notre amateur félin ne s'est jamais trompé sur la note et ne l'a jamais laissée passer sans réprimande.

LA DYNASTIE BLANCHE.

CHAPITRE II.
LA DYNASTIE BLANCHE.

Revenons maintenant à une époque plus moderne. D'un chat importé par Mademoiselle Aita de la Penuela , jeune artiste espagnole dont les études d'angoras blancs ornaient et ornent encore les vitrines des imprimeries, nous avons obtenu le plus petit chaton possible, qui ressemblait à un de ces duvet de cygne. que les gens utilisent dans les boîtes de poudre de riz. A cause de cette blancheur immaculée, il reçut le nom de Pierrot , qui, à mesure qu'il grandissait, s'amplifiait en celui de don Pierrot de Navarre, nom infiniment plus majestueux et ayant une saveur de vraie grandeur. Don Pierrot , comme tous les animaux caressés et gâtés, a grandi d'une manière charmante et aimable. Il partageait notre vie de famille avec cette jouissance que les chats trouvent à être admis dans l'intimité du feu. Assis à sa place habituelle près du feu, il semblait toujours comprendre la conversation et s'y intéresser. Il suivait les yeux des interlocuteurs, émettant de temps en temps un petit miaulement, comme s'il avait lui aussi des objections à formuler, et voulait ajouter son avis sur les sujets littéraires qui faisaient habituellement l'objet de nos discours. Il adorait les livres ; et chaque fois qu'il en trouvait une ouverte sur la table, il s'asseyait près d'elle, regardant attentivement les pages, et parfois en tournant doucement une avec sa griffe. Il finissait généralement par s'endormir, aussi profondément que s'il avait en réalité lu un roman moderne !

Quand nous nous asseyions pour écrire, il sautait toujours sur la table à écrire, et regardait avec une profonde attention la pointe de la plume d'acier qui éparpillait les pattes des mouches sur la surface blanche du papier, faisant un petit mouvement de tête en direction du papier. début de chaque nouvelle ligne. Parfois il avait envie de se joindre à l'ouvrage et essayait de nous arracher la plume, sans doute dans l'intention de s'en servir à son tour ; car c'était un chat esthétique , comme le chat Murr , décrit par Hoffman, et nous le soupçonnions fortement de passer des nuits dans quelque caniveau caché à écrire ses mémoires à la lumière de ses propres yeux phosphoriques. Malheureusement ces élucubrations , si elles ont jamais existé, sont à jamais perdues.

Don Pierrot de Navarre ne s'endormirait que lorsque nous serions rentrés. Il attendait toujours juste devant la porte et, dès que nous entrions dans l'antichambre, il se frottait contre nos jambes, cambrant le dos et ronronnant d'une manière joyeuse et amicale. Alors il entrait, nous précédait comme un page, et sans doute, avec un peu d'insistance, il aurait consenti à porter le chandelier.

Après nous avoir ainsi conduits à notre chambre, il attendit que nous soyons déshabillés, puis, sautant dans son lit, embrassa notre cou de ses petites pattes, frotta son nez contre le nôtre et nous lécha avec une petite langue rose, rugueuse comme une lime. il poussait cependant des cris courts et inarticulés, qui exprimaient le plus clairement possible sa joie de notre retour. Puis, après avoir exprimé son affection par ces rations de démonstration, et l'heure du sommeil étant venue, il montait sur la tête du lit et y dormait, posé comme un oiseau sur une branche. Dès que nous nous réveillions le matin, il descendait et, s'étendant près de nous, attendait tranquillement qu'il soit temps de se lever.

PIERROT.

Minuit, selon lui, était l'heure à laquelle il était de notre devoir de rentrer à la maison. Pierrot et le *concierge* étaient entièrement d'accord sur ce point. A ce moment-là, nous avions créé avec quelques amis un petit club que nous appelions « La Société des Quatre Bougies », parce que la pièce dans laquelle nous nous réunissions était éclairée par quatre bougies placées dans des chandeliers d'argent. aux quatre coins d'une table. Parfois la conversation devenait si prenante que, comme Cendrillon, nous en oubliions l'heure, au risque de trouver nos voitures changées en citrouilles et nos cochers en rats. Plusieurs fois Pierrot j'ai attendu notre retour jusqu'à deux ou trois heures du matin ; puis ses sentiments furent si profondément blessés qu'il se coucha sans nous. Cette protestation muette contre nos innocentes irrégularités était si touchante que nous nous faisions ensuite un devoir d'arriver ponctuellement à minuit ; mais Pierrot nous garda longtemps rancune. Il voulait la preuve que notre pénitence était authentique ; et ce n'est que lorsque le temps l'eut convaincu de la sincérité de nos regrets qu'il nous reprit en grâce et reprit son ancienne position à l'intérieur de la porte de l'antichambre.

L'amitié d'un chat est une chose difficile à conquérir. Les chats sont des animaux philosophiques, calmes, tranquilles , fixés dans leurs habitudes, de vrais croyants en la décence et l'ordre, et pas du tout enclins à accorder une affection irréfléchie. Ils seront vos amis si vous vous montrez digne d'amitié ; mais ils ne seront jamais vos esclaves. Même dans les moments de tendresse, le chat conserve sa liberté de volonté et ne peut être contraint à se plier à des exigences qui lui paraissent déraisonnables. Mais une fois qu'il s'est livré à vous comme à un ami, quelle confiance absolue il vous donne ! quelle fidélité d'affection ! Il se constitue le compagnon de vos heures solitaires, de votre mélancolie, de votre travail. Il passera des soirées entières à ronronner à genoux, heureux en votre compagnie et délaissant celle des animaux de son espèce. En vain résonnent sur les toits des miaulements alléchants qui l'appellent à une de ces soirées de chats où de juteux harengs rouges tiennent lieu de thé : il ne se laissera pas tenter et partagera votre veillée jusqu'au bout. Si on le met à terre, il revient à sa place d'un bond avec un murmure qui ressemble à un doux reproche. Parfois, debout tout près, il vous regarde avec des yeux si pleins de tendresse fondante, si aimants et si humains, que vous en êtes à moitié effrayé ; car il semble impossible qu'à cet égard la raison puisse faire défaut.

Don Pierrot de Navarre avait un compagnon de même race, non moins blanc que lui. Toutes les comparaisons que nous avons entassées dans « La Symphonie en blanc, majeure » ne peuvent exprimer l'idée de cette neige immaculée, qui fait jaunir même le pelage de l'hermine. Ce deuxième chat a été nommé Seraphita , en l'honneur de la romance suédoise-borgienne de Balzac. Jamais l'héroïne de cette merveilleuse légende n'a rayonné d'une blancheur plus pure, même lorsque, accompagnée de Minna , elle gravissait les sommets glacés du Falberg . Séraphita était d'une disposition contemplative et rêveuse. Elle restait allongée de longues heures sur son coussin, non pas endormie, mais suivant, avec une expression intense des yeux, des spectacles invisibles au commun des mortels. Elle aimait être caressée ; mais elle ne caressait en retour que quelques privilégiés à qui son estime durement gagnée était accordée. Elle aimait le luxe ; et c'était toujours sur le fauteuil le plus moelleux et sur l'étoffe la mieux propre à mettre en valeur sa fourrure de cygne que nous étions sûrs de la trouver. Sa toilette prenait énormément de temps ; chaque particule de sa fourrure était rendue brillante chaque matin de sa vie. Elle se lavait avec ses pattes ; et chaque poil de son manteau, soigneusement brossé avec sa langue rose, brillait comme de l'argent neuf. Chaque fois qu'on la caressait, elle effaçait instantanément toute trace du contact : le moindre désordre la troublait. Son élégance et sa distinction étaient véritablement aristocratiques : dans le monde des chats, elle devait au moins se classer au rang de duchesse. Elle adorait les parfums, plongeant sa tête dans des bouquets de fleurs et grignotant avec de petits frémissements de satisfaction des mouchoirs imprégnés d'odeurs. Elle se promenait de long en large sur la coiffeuse en reniflant les flacons d'essence, et se serait volontiers laissée tremper corporellement dans la poudre de riz parfumée. Telle était Séraphita , et jamais chat ne justifia mieux un nom poétique.

Vers cette époque, deux de ces marins contrefaits qui vendent des nappes rayées, des mouchoirs tissés de fil d'ananas et d'autres marchandises étrangères, passèrent par hasard dans notre rue de Longchamps . Ils transportaient dans une minuscule cage deux rats surmulots, dotés des plus beaux yeux roses du monde. Les animaux blancs étaient chez nous à cette époque une passion, et nous poussâmes cette passion si loin que même notre basse-cour était peuplée de coqs et de poules blanches. Nous achetâmes les rats blancs et leur fîmes construire une grande cage, avec des escaliers intérieurs qui conduisaient à différents étages, aux salles à manger, aux chambres à coucher et aux gymnases équipés de trapèzes. Dans cette cage ils étaient plus heureux et mieux logés que même le rat de La Fontaine au milieu de son fromage hollandais.

Ces jolies créatures, dont tant de gens, pour des raisons que nous ne comprenons pas, ont une peur stupide, se sont apprivoisées à un degré étonnant, dès qu'elles ont acquis la certitude qu'aucun mal ne leur était destiné. Ils se laissaient caresser comme des chatons ; et en prenant notre doigt entre leurs petites pattes roses, délicates à un degré idéal, nous le lécherions amicalement. Ils étaient généralement lâchés à la fin de nos repas, et grimpant sur nos bras, nos épaules et notre tête, entraient et sortaient des manches de notre veste ou de notre robe de chambre avec une habileté et une agilité singulières. Le but de tous ces exercices, si gracieusement exécutés, était d'obtenir l'autorisation de fouiller parmi les restes du dessert. Placés sur la table, en un clin d'œil, les deux hommes éliminaient chaque noix ou noisette, chaque raisin sec, chaque morceau de sucre qui restait. Rien de plus drôle que les regards avides et furtifs qu'ils jetaient autour d'eux en faisant cela, ou leur air surpris lorsqu'ils se trouvaient au bord de la nappe. Lorsqu'une petite planche était posée de la cage à la table, ils couraient joyeusement dessus et rangeaient leur butin dans leur placard privé.

Le couple se multipliait rapidement, jusqu'à ce que des familles entières d'égale blancheur montent et descendent les escaliers de la cage. Enfin nous nous trouvâmes à la tête d'une trentaine de rats, tous si à l'aise avec nous que, quand il faisait froid, ils s'enfouissaient dans nos poches sans la moindre cérémonie et s'y couchaient, se réchauffant. Parfois, laissant ouverte la porte du Ratopolis , nous montions au deuxième étage de la maison et donnions un coup de sifflet bien connu de nos élèves. Alors le petit équipage, qui pouvait difficilement monter d'une marche à l'autre de l'escalier, se précipitait vers le haut, s'agrippait au garde -corps, se tirait par les balustres, se suivait en file avec la régularité des acrobates, jusqu'à monter. le chemin escarpé, sur lequel on glissait parfois, et courait à notre rencontre en poussant de petits cris et en manifestant la joie la plus vive.

Il faut maintenant avouer un acte de brutalité. Nous avions si souvent entendu dire que la queue d'un rat ressemblait à un ver rose et nuisait à la beauté de l'animal, que nous en choisissions enfin un dans notre ménagerie et coupions l'appendice si maltraité. Le petit rat supporta bien l'opération, grandit vaillamment et devint un maître rat, avec une belle paire de moustaches ; mais bien qu'allégé du poids de son extrémité caudale, il était toujours moins agile que ses compagnons, se méfiait des exercices de gymnastique et éprouvait fréquemment des chutes. Lorsque la troupe montait l'escalier en courant, il arrivait invariablement en dernier ; et il a toujours eu l'air d'un acrobate qui teste sa corde raide et n'est pas bien sûr de son équilibre. Cette expérience nous a convaincu de l'utilité d'une queue pour les rats. Il les maintient en équilibre lorsqu'ils longent des corniches et des saillies étroites. Lorsqu'ils tournent rapidement à droite ou à gauche, la queue tourne également, servant de contrepoids ; et c'est la cause du mouvement perpétuel qui le caractérise. La nature fait rarement quelque chose de superflu, et c'est pour cette raison que nous devrions être très prudents lorsque nous essayons d'améliorer son ouvrage.

Vous vous demanderez sans doute comment nos rats et nos chats, créatures si totalement antipathiques, l'un étant en fait la proie naturelle de l'autre, ont réussi à vivre ensemble. De la manière la plus amicale qu'on puisse imaginer. Les chats ne montraient jamais leurs griffes aux rats ; les rats n'ont jamais montré la moindre peur ou méfiance à l'égard des chats. Cette conduite des chats était tout à fait sincère, et jamais les rats ne furent appelés à pleurer la mort d'un camarade. Don Pierrot de Navarre témoignait la plus tendre affection à ces minuscules voisins. Il restait allongé près de la cage pendant des heures ensemble, les regardant jouer. Si par accident la porte de la chambre était fermée, il grattait et miaulait doucement pour la faire ouvrir, afin de rejoindre ses petits amis blancs, qui, assez souvent, sortaient de leur cage et s'endormaient à ses côtés. Séraphita , d'une nature plus élevée que lui, et peu friande de l'odeur musquée des rats, ne prenait jamais part à ces jeux ; mais elle ne fit aucun mal aux rats, et les laissa passer devant elle sans leur tendre une seule griffe.

La fin de ces rats était assez étrange. Un jour étouffant de l'été, où le thermomètre marquait la chaleur ordinaire du Sénégal, leur cage fut placée dans le jardin, à l'ombre d'une tonnelle couverte de vignes ; car ils semblaient souffrir de la chaleur. Une violente tempête s'est levée, avec de grandes rafales de vent, des éclairs et de la pluie. Les grands peupliers au bord du fleuve se courbaient comme des roseaux. Armés d'un parapluie, nous étions sur le point de sortir à la recherche de nos animaux de compagnie, lorsqu'un éclair vif, qui semblait fendre les profondeurs mêmes du ciel, nous arrêta sur la première marche de la volée qui partait de la terrasse. au jardin. Un formidable coup de tonnerre suivit, plus fort que la décharge de cent canons. Le choc fut si violent que nous en fûmes presque renversés.

Après cette explosion, la tempête devint un peu plus calme ; et nous nous précipitant vers la tonnelle, nous trouvâmes les trente-deux rats couchés, les pattes en l'air, tous tués par la même foudre.

Le grillage de leur cage avait sans doute attiré la foudre. Ainsi périrent ensemble, comme ils avaient vécu ensemble, trente-deux rats surmulots, mort enviable et rarement accordée par un destin implacable !

LA DYNASTIE NOIRE.

CHAPITRE III.
LA DYNASTIE NOIRE.

Don Pierrot de Navarre, originaire de La Havane, avait besoin d'une température très chaude. Cette température lui était prévue dans nos chambres ; mais autour de la maison s'étendaient de vastes jardins, séparés par des grillages qui n'offraient aucune difficulté à un chat, et qui étaient plantés de grands arbres, dans les branches desquels d'innombrables oiseaux gazouillaient et chantaient. Il n'était pas rare que Pierrot , profitant d'une porte ouverte, s'évadât le soir pour le plaisir d'une chasse particulière au milieu des pelouses et des parterres mouillés de rosée. Parfois, il lui fallait attendre le jour pour pouvoir rentrer dans la maison ; car, s'il miaulait sous les fenêtres, son signal ne réveillait pas toujours les dormeurs à l'intérieur. Sa poitrine avait toujours été délicate et, une nuit glaciale, il attrapa un rhume qui se transforma rapidement en phtisie. Pauvre Pierrot ! il est devenu terriblement maigre après un an de toux. Sa fourrure, autrefois si soyeuse, perdait de son éclat et rappelait la blancheur terne et opaque d'un suaire. Ses grands yeux transparents paraissaient énormes par contraste avec sa pauvre petite figure. Son nez rose pâlit, et il traînait lentement ses pieds le long de son mur ensoleillé préféré, regardant les feuilles jaunes de l'automne tourbillonner en spirales au gré du vent, et ayant l'air de se répéter l'élégie de Millevoye .

Il n'y a rien au monde de plus touchant qu'un animal malade. Il subit ses souffrances avec une résignation si douce et si triste. Tout a été fait pour sauver Pierrot . Il avait un médecin compétent qui lui a passé un stéthoscope et lui a pris le pouls. On commanda du lait d'ânesse, et le pauvre garçon le lapa assez volontiers dans sa petite soucoupe de porcelaine. Il restait de longues heures allongé sur nos genoux, étendu et immobile comme l'ombre d'un sphinx. On pourrait compter ses vertèbres avec nos doigts, comme les grains d'un chapelet. Lorsqu'il essayait de répondre à nos caresses par un faible miaulement, cela ressemblait à un râle d'agonie. Le jour de sa mort, alors qu'il haletait sur le côté, il se releva dans un suprême effort et se glissa vers nous, ouvrant de grands yeux dilatés d'un regard qui semblait réclamer notre aide par une intense supplication. Il disait clairement, comme des mots pourraient le dire : « Viens, sauve-moi, toi qui es un homme ! Puis il chancela ; ses yeux se fixèrent ; et il tomba avec un cri si désespéré, si lamentable, si plein d'angoisse, que nous restâmes pétrifiés d'une horreur silencieuse. Il fut enterré au fond du jardin, sous un rosier blanc qui marque encore aujourd'hui l'endroit de sa tombe.

Deux ou trois ans plus tard, Séraphita mourut également d'une maladie mystérieuse contre laquelle toutes les ressources de la science se révélèrent inutiles. Elle est enterrée non loin de Pierrot .

Avec eux la *Dynastie Blanche* s'éteignit, mais pas la famille. Car de ce couple, blancs comme neige, sont nés trois chatons noirs comme l'encre. Expliquez, qui peut, ce mystère. Le grand événement de la journée a été le roman « Les Misérables » de Victor Hugo. Personne ne parlait d'autre chose, et les noms de ses héros et de ses héroïnes étaient dans toutes les bouches. Naturellement, les deux chatons mâles furent donc baptisés Enjolras et Gavroche , tandis que leur sœur reçut le titre d' Eponine . Très jeunes, ils ont acquis un certain nombre de jolis tours. Entre autres, on leur apprenait à courir comme un chien après une balle de papier enroulé et à la récupérer lorsqu'elle était lancée à distance. Même si la balle était lancée jusqu'aux corniches des armoires, cachée derrière des piles de draps sur une étagère, ou tombée dans un vase profond, ils la découvraient toujours et la récupéraient en toute sécurité dans leurs pattes. Plus tard dans leur vie, ils apprirent à mépriser ces amusements frivoles et acquérèrent cette philosophie calme et rêveuse qui est la véritable caractéristique de la nature féline.

Lorsque les gens débarquent pour la première fois dans l'un des États du sud de l'Amérique, les nègres qu'ils voient sont pour eux simplement des nègres ; ils ne peuvent pas les distinguer les uns des autres. Ainsi, pour des yeux insouciants, trois chats noirs sont trois chats noirs, et rien de plus. Mais les observateurs ne commettent pas de telles erreurs. Les physionomies des animaux diffèrent les unes des autres comme celles des hommes ; et nous n'avons jamais eu la moindre difficulté à distinguer ces trois faces, toutes noires comme le masque d'Arlequin, et éclairées par des disques d'émeraude à reflets d'or.

Enjolras , de loin le plus joli des trois chats, se reconnaissait à sa grosse tête de lion, ses joues bien garnies, ses épaules fortes, son dos long et sa superbe queue qui se développait comme un panache. Il avait quelque chose de théâtral et d'emphase chez lui, et il était accro aux *poses* comme son acteur préféré. Ses mouvements lents et ondulants étaient pleins de majesté. On pouvait lui faire confiance pour marcher sur des consoles chargées de trésors en porcelaine et en verre de Venise, tant il ordonnait ses pas avec circonspection. Il n'avait pas un caractère très stoïcien, et son goût pour les gourmandises aurait horrifié son homonyme Enjolras , ce jeune homme sobre et pur, qui lui aurait sans doute dit, comme l'ange à Swedishborg : « Tu manges trop. » On se laissa aller à ce tour de gourmandise, aussi drôle que celui d'un singe gastronomique ; et Enjolras atteignit une taille et un poids très inhabituels chez un chat domestique. L'idée nous est venue de le faire raser comme un caniche, afin de compléter sa ressemblance avec un lion. Il lui restait une crinière et une épaisse touffe de poils au bout de sa queue. Nous ne jurerons pas qu'il ne faisait pas partie du projet original de lui fournir des moustaches de gigot comme celles du portrait de Munito . Ainsi habillé , il ressemblait, il faut l'avouer, moins à un lion de la jungle ou du Cap qu'à une chimère japonaise. Jamais caprice plus absurde n'a été réalisé sur le corps d'un animal vivant. Ses cheveux étaient rasés de si près qu'ils laissaient voir la peau, qui présentait d'étranges tons bleuâtres et contrastait de la manière la plus extraordinaire avec la noirceur de sa crinière.

Gavroche , comme pour correspondre au personnage de son homonyme dans le roman, était un chat au caractère rusé et furtif. Plus petit qu'Enjolras , son agilité était des plus comiques et surprenantes. Il remplaçait les plaisanteries et l'argot du *gamin de Paris* par des cabrioles, des sauts périlleux et des mouvements ridicules. Il faut avouer que, malgré ces jolies qualités, Gavroche ne perdait jamais une occasion de s'enfuir du salon pour se joindre dans la rue ou dans la cour aux chats vagabonds.

« De toute sorte de naissance et de sang inconnu à la renommée »

dans des fêtes des plus grossières, oubliant complètement sa dignité de chat de La Havane : fils de l'illustre don Pierrot de Navarre, grand d'Espagne de premier rang, et de la marquise Séraphita , dont les manières étaient si hautes et si dédaigneuses. Parfois, en guise de friandise, il conduisait à son assiette de bouillie quelque camarade émacié par la famine et tout écorché, qu'il avait ramassé au cours de ses pérégrinations ; le présentant avec tous les airs d'un prince condescendant. Le pauvre diable, les oreilles tombantes, le regard en biais et la queue entre les jambes, craignant que son déjeuner libre ne fût à tout moment interrompu par le balai de la bonne, engloutissait des bouchées doubles, triples, quadruples, et comme *Siete-Aguas* , ou Seven Waters, de la *posada espagnole* , rend l'assiette en quelques secondes aussi propre que si elle avait été récurée par une ménagère hollandaise pour servir de modèle à Mieris ou Gerard Dow.

En voyant ces protégés choisis par Gavroche , cette phrase avec laquelle Gavarni illustre une de ses caricatures nous revenait fréquemment à l'esprit : « De bons amis, ce sont ceux avec qui vous avez choisi de vous promener ! Mais après tout, ils n'étaient qu'une preuve de la vraie bonté de cœur de Gavroche ; car il aurait facilement pu tout manger lui-même.

Le chat qui portait le nom de l'intéressante Eponine était plus élancé et plus délicatement fait que ses frères. Son nez était légèrement plus long ; ses yeux placés obliquement dans la tête comme ceux d'un Chinois, étaient d'une teinte verte comme les yeux de Pallas Athéna , à laquelle Homère applique invariablement l'épithète γλ αυκώπις. Son nez d'une noirceur veloutée, au grain fin comme une truffe du Périgord ; ses moustaches, perpétuellement agitées, formaient une physionomie pleine d'expression. Sa superbe fourrure noire était toujours frémissante et brillait d' éclats changeants . Jamais créature n'a été aussi sympathique, nerveuse et théâtrale qu'Éponine . Si vous passiez votre main sur son dos une ou deux fois au crépuscule, de petites étincelles bleues jaillissaient de la fourrure. Eponine s'attacha à nous avec autant de dévouement que l' Eponine du roman à Marius ; mais n'étant pas préoccupés d'une Cosette , comme l'était ce cher jeune homme, nous avons pu répondre à l'affection de ce chat tendre et dévoué, qui est encore le compagnon de nos travaux et la joie de notre ermitage de banlieue. Au son de la sonnette, elle sort en courant, reçoit les visiteurs, les fait entrer dans le salon, les fait asseoir, cause avec eux ; oui, *des causeries* , des bavardages avec des murmures et des petits cris qui ne ressemblent en rien à ceux que les chats se font entre eux, mais qui ressemblent au discours des hommes. Que dit-elle, demandez-vous ? Elle dit dans le langage le plus intelligible : « Messieurs et dames, ne soyez pas impatients ; regardez les photos ou, s'il vous plaît, discutez avec moi. Monsieur sera bientôt là. Quand nous entrons, elle se retire discrètement dans un fauteuil ou dans le coin du piano, et écoute la conversation sans chercher à y prendre part, comme un animal poli et familier des habitudes de la bonne société.

Cette charmante Éponine a donné tant de preuves de mérite, d'intelligence et de qualités sociales supérieures, que d'un commun accord elle a été élevée à la dignité de *personne* ; car il ne fait aucun doute que sa conduite est régie par une raison bien supérieure à l'instinct. Cette dignité lui donne le droit de manger à table comme un être humain, et non comme le font les chats dans une soucoupe posée par terre dans un coin. Eponine a donc sa chaise, qui est régulièrement placée à côté de la nôtre, au petit-déjeuner et au dîner. Compte tenu de sa forme et de sa taille, il lui est permis de placer ses pattes antérieures sur le bord de la table. Elle a aussi sa propre assiette et son propre gobelet, mais pas de fourchette ni de cuillère. Elle surveille le dîner à travers tous ses plats, depuis la soupe jusqu'au dessert, attendant son tour qu'on l'aide, et se comportant en tout avec une sagesse et une décence que nous souhaitons que les enfants imitent plus souvent. Au premier tintement de la cloche, elle apparaît, et quand nous entrons dans la salle à manger, la voilà déjà assise sur sa chaise, les pattes croisées devant elle sur le bord de la table ; et elle lève son front pour être embrassé exactement comme le fait une gentille petite fille qui a été entraînée à faire preuve d'une politesse affectueuse envers ses parents et autres amis âgés.

L'AUTORISATION LUI EST DONNÉE POUR PLACER SES PATTES AVANT SUR LE BORD DE LA TABLE.

Mais il y a des défauts dans le diamant, des taches même sur le soleil, des ombres sur la perfection, et Eponine , il faut l'avouer, a un amour trop passionné pour les poissons, passion que partagent les chats en général. Contrairement au proverbe latin

« Catus amat poissons , sed non vult tingere plantas »,

elle trempera sa patte dans l'eau sans la moindre hésitation pour en sortir une carpe, un appât blanc ou une truite. Les poissons éveillent en elle une sorte de frénésie ; et comme les enfants excités à l'idée du dessert, elle regarde parfois la soupe d'un air boudeur, lorsque des observations préliminaires faites en cuisine lui ont assuré qu'il y avait du poisson à venir et que le cuisinier n'avait pas besoin d'expier. un échec en tombant sur son épée, tout comme le noble Vatel . Dans ces moments-là, on ne la sert pas, et on lui dit froidement : « *Mademoiselle* , une *personne* qui n'a pas faim de soupe ne peut pas avoir faim de poisson », et le plat passe impitoyablement sous son nez. Quand les choses arrivent à ce stade grave, la délicate Eponine engloutit sa soupe en toute hâte jusqu'à la dernière goutte, expédie chaque miette de pain ou de pâte italienne, puis se retourne et nous regarde avec un regard fier comme celle qui a fait son devoir. , et dont la conscience est désormais exempte de tout reproche. Sa portion de poisson lui est alors donnée. Elle le mange avec la plus grande satisfaction, et après avoir goûté tous les autres plats, termine son repas avec un verre d'eau.

Lorsqu'un dîner est projeté, Eponine , sans voir les convives, comprend parfaitement qu'il y aura de la compagnie ce soir-là. Elle jette un coup d'œil à sa place habituelle, et, si elle aperçoit un couteau, une fourchette et une cuillère à côté de l'assiette, elle décampe sans un mot et s'assied sur le tabouret du piano, qui est son refuge choisi en pareille occasion. Je serais heureux si les gens qui nient la possession de la raison aux animaux expliquaient ce fait, apparemment si simple et pourtant contenant un tel monde d'inférences. En voyant à côté de son assiette ces ustensiles dont seul l'homme peut se servir, cette chatte sage et observatrice prétend que, pour la journée, elle doit céder sa place à un invité, et elle s'empresse de le faire. Elle ne s'y trompe jamais, mais parfois, lorsque le visiteur est quelqu'un avec qui elle est en relations familières, elle se met à genoux et essaie de lui arracher quelques bribes par sa grâce et ses caresses.

Mais ça suffit ; nous ne devons pas lasser nos lecteurs. Les histoires sur les chats sont moins populaires que celles sur les chiens. Pourtant, on se sent obligé de raconter la fin d' Enjolras et de Gavroche . Dans certains manuels, on trouve cette phrase : « Sua eum perdidit ambition. » On pourrait dire d' Enjolras : « Sua eum perdidit pinguetudo », il est mort de sa propre graisse. Il a été pris pour un lièvre et tué par des chasseurs idiots. Ses meurtriers périrent cependant en douze mois et de la manière la plus misérable. La mort d'un chat noir, la plus cabalistique des créatures, ne reste jamais sans vengeance !

Gavroche , pris d'un amour fanatique de la liberté, ou peut-être d'une folie subite, sauta un jour par une fenêtre, traversa la rue, escalada la haute clôture qui entoure l'église Saint-Jacques, qui se dresse en face de notre maison, et disparut. Malgré nos recherches anxieuses, aucune trace de lui n'a jamais pu être retrouvée. Une ombre mystérieuse plane sur son destin. Ainsi de la dynastie noire ne subsiste qu'Eponine . Elle est toujours fidèle à son maître et est pratiquement devenue une chatte instruite.

Elle a pour compagnon un magnifique Angora, d'un pelage gris argenté qui fait penser à une porcelaine chinoise trouble. Son nom est Zizi , ce qui signifie : « Trop beau pour faire quoi que ce soit ». Cette belle créature vit dans une sorte de stupeur contemplative comme un *thekiari* pendant sa période d'ébriété. En le regardant, on pense aux « Extases de M. Hochener ». La passion de Zizi est la musique. Non content de l'écouter, il est lui-même interprète. Parfois, la nuit, quand tout le monde dort, éclate dans le silence une mélodie étrange et fantastique que Kreisler et les musiciens du futur pourraient bien envier. C'est Zizi , qui arpente le clavier du piano et savoure le ravissement d'entendre les notes chanter sous ses pieds.

Il serait injuste de ne pas mentionner en passant Cléopâtre, la fille d' Éponine , qui est un animal charmant, mais d'un caractère trop timide pour être présenté au public. Elle est d'une couleur fauve foncé, comme Mummia , la compagne hirsute d'Atta Croll , et ses yeux vert foncé sont comme deux énormes morceaux d'aigue-marine. Elle marche habituellement sur trois pattes, et tient la quatrième en l'air, comme la figure d'une ligne classique qui a perdu sa boule de marbre.

Voilà donc la chronique de la dynastie noire, Enjolras , Gavroche , Eponine , nous rappelant les créations d'un maître bien-aimé. Seulement, quand on regarde maintenant Les Misérables , il semble que les personnages principaux du roman soient emmenés par des chats noirs, mais cela ne diminue en rien l'intérêt de l'histoire pour nous.

CHAPITRE IV.
NOS CHIENS.

On nous a parfois accusé de ne pas aimer les chiens. À première vue, cette accusation ne semble pas très grave, mais nous nous sentons obligés de nous justifier, car cette accusation entraîne une certaine honte. Les gens qui préfèrent les chats aux chiens passent aux yeux de la plupart des gens pour nécessairement faux, voluptueux et cruels ; tandis que les amoureux des chiens sont censés être invariablement des personnages purs, loyaux, ouverts, doués en bref de tous les attributs que l'on attribue communément à la race canine. Nous ne saurions en aucun cas diminuer les mérites de Médor , Turc , Mérot et autres bêtes également aimables, et nous sommes tout prêts à nous rallier à la maxime formulée par Charlet : « La meilleure chose qu'un homme possède, c'est son chien. » Nous en avons possédé beaucoup, nous en possédons encore ; et si nos calomniateurs veulent bien venir chez nous, ils seront accueillis par les aboiements aigus et furieux d'un petit chien de compagnie cubain et par un gros lévrier qui prendra beaucoup de plaisir à leur mordre les chevilles.

NOS CHIENS.

Pourtant, nous ne nierons pas que notre amour pour les chiens est fortement mêlé de peur. Ces animaux, excellents, fidèles, dévoués, peuvent à tout moment devenir fous, et dans cet état ils sont aussi dangereux et mortels que la vipère, le serpent, le serpent clochette ou la cobra di capello . Cette pensée modère quelque peu nos ravissements à leur égard. Mais, à part cela, les chiens produisent sur nous un effet inquiétant. Leurs yeux sont si profonds, si intenses ; ils se placent devant nous d'un air si interrogatif que cela en est presque embarrassant. Goethe n'aimait pas plus que nous ce regard qui semble assimiler les pensées les plus secrètes de l'homme. Il chassait les pauvres animaux et leur disait : « Vous avez fait de votre mieux : vous ne dévorerez pas mon identité. »

Le Pharamond de notre dynastie canine s'appelait Luther. C'était un grand braque blanc avec des taches rouges et de belles oreilles brunes, qui, ayant perdu son maître et l'ayant longuement cherché en vain, s'est domestiqué dans la maison de nos parents, qui habitaient alors à Passy. N'ayant pas de perdrix à chasser, il se livra à la poursuite des rats, poursuite dans laquelle il devint aussi compétent qu'un terrier écossais. A cette époque, nous vivions dans une chambre de cette impasse de Doyenné , aujourd'hui disparue, où Gérard de Nerval , Arsène Houssaye et Camille Rogier s'étaient imposés comme les centres d'un petit cercle bohème pittoresque d'artistes et d'hommes de lettres, dont les bizarreries et les excentricités ont été trop souvent décrites ailleurs pour qu'il soit nécessaire d'en parler davantage maintenant. Là, au milieu du Carrousel, nous vivions une vie aussi libre et aussi solitaire que dans quelque île déserte de l'Océan, parmi les orties et les blocs de pierre, à l'ombre du Louvre et près des ruines d'une vieille église dont les arches croulantes présentaient les effets les plus pittoresques au clair de lune. Luther, avec qui nous avions toujours été en bons termes, nous voyant prendre ainsi notre dernier envol hors du nid familial, se chargea de nous rendre une visite quotidienne. Il quittait Passy chaque matin à une heure inconnue, et, suivant le quai de Billy et le Cours -la- Reine , arrivait vers huit heures, au moment où nous nous réveillions. Grattant la porte qui lui était toujours ouverte, il se jeta sur nous avec un jappement joyeux, posa ses pattes de devant sur nos genoux, reçut avec beaucoup de simplicité et de modestie les caresses que sa bonne conduite lui méritait, fit une rapide inspection. de la chambre, puis il entreprit son voyage de retour. Arrivé à Passy, il courait aussitôt vers notre mère, remuant la queue et poussant de petits aboiements qui disaient aussi clairement que des mots : « Ne vous inquiétez pas, j'ai vu le jeune maître et il va bien. Après avoir ainsi rendu compte de la mission qu'il s'était imposée, il lapait un bol plein d'eau, mangeait son porridge et, s'étendant près du fauteuil de maman, pour laquelle il avait une affection particulière, se rafraîchissait d'une heure ou d'une heure. deux de sommeil après le long voyage qu'il avait fait.

Ceux qui soutiennent que les animaux ne pensent pas et sont incapables de relier deux idées peuvent expliquer tant bien que mal cette visite quotidienne qui entretenait les relations familiales et donnait aux vieux oiseaux du nid des nouvelles régulières de leur oisillon récemment échappé.

Pauvre Luther ! il a eu une fin mélancolique. Peu à peu, il devint silencieux et morose, et s'enfuit un jour de la maison, apparemment parce qu'il se sentait attaqué par l'hydrophobie et craignait d'être amené à mordre son maître.

Nous avons toutes les raisons de supposer qu'il a été tué comme un chien enragé. En tout cas, nous ne l'avons jamais revu.

Après un intervalle assez long, un nouveau chien fut installé à la maison, un chien appelé Zamore . Il était moitié bâtard, moitié épagneul, de petite taille et avec un pelage noir, à l'exception de quelques taches de couleur flamme sous ses sourcils et de quelques tons de couleur fauve sur le ventre. Il était en somme d'apparence insignifiante et plutôt laid que joli, mais, quant aux qualités morales, c'était vraiment un chien remarquable. Il avait pour les femmes un mépris absolu ; il ne voulait ni les suivre ni leur obéir, et notre mère et nos sœurs essayaient en vain d'obtenir de lui la moindre marque d'amitié ou de respect. Il acceptait avec hauteur leurs attentions et leurs friandises, mais il ne daignait jamais leur adresser un mot de remerciement en retour. Pas d'aboiements pour eux, pas de battements de queue contre le sol, pas de ces tendresses dont les chiens sont si prodigues. Il gardait envers eux toujours une attitude impassible et impassible, accroupi dans la position d'un sphinx, comme quelque personnage sérieux et digne qui dédaigne de se mêler à une conversation frivole.

Le maître qu'il a choisi de servir était notre père qu'il a reconnu comme chef de famille et un homme de poids et de caractère. La tendresse de Zamore , même pour lui, était d'un genre austère et stoïque, et ne s'exprimait jamais par de la gaieté, ni des pitreries, ni des léchages de langue. Mais ses yeux étaient toujours fixés sur son maître, sa tête tournée pour guetter chaque moindre mouvement, et partout il le suivait, le nez près du talon de son maître, ne se permettant jamais la moindre farce, ni prêtant la moindre attention à aucun chien. qu'ils ont rencontré. Ce cher et regretté père était un grand pêcheur devant le Seigneur. Les barbillons capturés par lui devaient être plus nombreux que les antilopes capturées par Nimrod. On ne pourrait jamais dire de sa canne à pêche qu'elle était un instrument avec un hameçon à une extrémité et un imbécile à l'autre, car c'était un homme plein d'esprit et d'intelligence, ce qui ne l'empêchait cependant pas de remplir son poisson. - panier tous les jours. Zamore l'accompagnait toujours dans ces excursions, et pendant ces longues veilles nocturnes , nécessaires à la capture de poissons qui ne mordent que lorsque la ligne touche le fond, il se plaçait près du bord de l'eau et semblait explorer les profondeurs obscures avec ses yeux, comme s'il cherchait la proie. Même s'il dressait de temps en temps l'oreille à ces innombrables bruits vagues et lointains qui s'entendent même dans le plus profond silence de la nuit, il n'a jamais poussé un aboiement, car il comprenait parfaitement qu'il est indispensable qu'un chien de pêcheur soit muet. Diane pourrait lever son front d'albâtre au-dessus de l'horizon et la rivière lui rendrait le reflet ; tout cela fut en vain ; même à la lune, Zamore n'aboyerait pas, bien que de tels aboiements nocturnes soient parmi les principaux plaisirs des animaux de son espèce. Ce n'est que lorsque tintait la clochette de la ligne à pêche qu'il se laissait aller à un cri, car alors il savait que la proie était en sécurité, et il prenait un vif intérêt aux manœuvres nécessaires pour attraper un barbillon de trois ou quatre livres.

Qui aurait pu deviner que sous cet extérieur calme et renfermé, si philosophique, si éloigné de toute frivolité, se cachait une passion impérieuse et extravagante, en totale contradiction avec le caractère apparent, moral et physique, de cet animal si sérieux et si pensant qu'on l'aurait presque traité de triste ?

Qu'est-ce que, dites-vous, cet admirable Zamore a donc quelque vice caché ? Non. Était-ce un voleur, un libertin ? Non. Avait-il un goût pour les cerises à l'eau-de-vie ? Non. Il a mordu ? Dix mille fois, non ! La passion de Zamore était la danse. En lui, un véritable artiste terpsichoréen a été perdu pour le monde.

Cette vocation s'est découverte de la manière suivante. Un jour apparut sur la place publique de Passy un âne grisâtre, un de ces malheureux ânes de jongleur, que Decamps et Fouquet ont si bien peints. Deux sacoches, en équilibre sur son dos écorché, contenaient une troupe de chiens dressés, costumés selon le sexe en marquis, troubadours, Turcs, bergers suisses et reines de Golconde. Le showman souleva les chiens, fit claquer son fouet, et instantanément tous les acteurs troquèrent la position horizontale contre la position perpendiculaire et se transformèrent de quadrupèdes en bipèdes. Un fifre et un tambourin sonnèrent et le ballet commença.

Zamore , qui passait gravement devant, s'arrêta net, étonné du spectacle. Ces chiens gaiement caparaçonnés, avec des coutures lacées et des ornements tintants, des chapeaux à plumes et des turbans sur la tête, et une ressemblance si étrange avec les hommes et les femmes, lui semblaient des êtres surnaturels. Leurs pas mesurés, leurs courtoisies, leurs *pirouettes* l'enchantaient mais ne le décourageaient pas. Comme Corrège devant les tableaux de Raphaël, il s'écria en langage canin : « Anch'io son pittore », « Moi aussi je suis peintre », et, saisi d'une noble émulation tandis que la troupe défilait devant lui dans une chaîne de dames, il Il se releva sur ses pattes arrière qui tremblaient visiblement et, au grand plaisir des passants, fit un mouvement pour les rejoindre. Mais le show-man n'était pas autant charmé que les spectateurs. Il donna à Zamore un coup de fouet sec et le chassa du cercle, comme on expulse de la porte d'un théâtre un spectateur qui, pendant le déroulement de la pièce, s'avise de monter sur scène et participez au ballet.

Cette humiliation publique n'a cependant pas dissuadé Zamore de poursuivre sa vocation. Il courut vers la maison, la queue entre les jambes et l'air plongé dans ses pensées. Toute la journée, il fut plus silencieux, plus préoccupé et plus morose que d'habitude. Cette nuit-là, nos deux petites sœurs furent tirées de leur sommeil par un bruit sourd et mystérieux qui semblait venir d'une chambre inoccupée voisine de la leur, où Zamore avait l'habitude de passer la nuit sur un vieux fauteuil. Le son était une sorte de trépignement rythmé qui, dans le calme de la nuit, paraissait plus fort qu'il ne l'était en réalité. Au début, les enfants pensaient que ce devait être les souris qui donnaient le ballon, mais les pas et les sauts étaient trop bruyants et trop lourds pour les souris. Enfin, le plus courageux des deux sortit du lit, entrouvrit la porte et jeta un coup d'œil à l'intérieur. Que voyait-elle à la lumière d'un rayon de lune qui se débattait, sinon Zamore , dressé sur ses pattes de derrière, battant la mesure avec ses pattes de devant, et pratiquant comme dans un cours de danse les pas qu'il avait tant admirés ce matin-là dans la rue. Monsieur étudiait sa leçon !

MONSIEUR ÉTUDIAIT SA LEÇON.

Ce n'était pas, comme on pourrait le supposer, une fantaisie fortuite, poursuivie pendant une nuit seulement. Zamore a persisté dans ses aspirations terpsichoréennes et est devenu avec le temps un admirable danseur. Chaque jour, dès que le fifre et le tambourin commençaient à sonner, il courait sur la place, se glissait entre les jambes des spectateurs et regardait avec la plus profonde attention les chiens dressés faire leurs exercices. Cependant, conscient de ce coup de fouet, il n'essaya plus jamais de se joindre à la danse, mais, notant soigneusement chaque pas, chaque mouvement, chaque attitude gracieuse, il la répétait la nuit dans l'intimité de sa propre chambre, tandis que jour, il a maintenu son austérité habituelle. Au bout d'un certain temps, imiter ne lui suffisait plus ; il commença à inventer, à composer de nouveaux pas, et force est de constater que peu de chiens l'ont jamais surpassé dans ce noble accomplissement.

Nous-mêmes, cachés derrière la porte entrouverte, l'avons souvent observé à son cabinet. Il mettait tant d'énergie et de feu dans son exercice que, matin après matin, l'immense bol d'eau posé la veille pour son rafraîchissement dans un coin de la chambre se retrouvait vidé de toute goutte.

Enfin, le jour vint où, toutes ses difficultés surmontées, il se sentit l'égal de n'importe quel danseur à quatre pattes dans la création, et maintenant il lui semblait tout à fait approprié d'enlever le boisseau qui avait jusqu'alors obscurci sa bougie et de donner au monde le bénéfice de ses talents.

Lorsqu'il prêtait peu d'attention à ses amantes, il se tenait toujours sur ses pattes arrière.

La cour de la maison était fermée d'un côté par une grille qui avait des ouvertures assez larges pour permettre le passage de chiens de taille ordinaire. Un matin, quinze ou vingt amis de Zamore — connaisseurs sans doute, à qui il avait envoyé des cartes d'invitation pour ses débuts dans l' art chorégraphique — furent aperçus rassemblés autour d'un carré de terre plat (que l'artiste semblait avoir nettoyé avec sa queue), et les représentations commencèrent. Le public était enthousiaste et manifestait son approbation avec des bow-wow qui ressemblaient fort à des « Bravos ! des amateurs d'opéra. À l'exception d'un vieil épagneul d'eau d'apparence boueuse et

dégradée, qui paraissait un critique défavorable et criait quelque chose sur les
« saines traditions ignorées et oubliées », tous s'accordaient pour déclarer
Zamore le Vestris des chiens et le véritable génie des chiens. danse. Un
menuet, une gigue et une valse *à deux temps* étaient au programme . Un bon
nombre de spectateurs à deux pattes se sont joints aux spectateurs à quatre
pattes avant la fin du divertissement, et Zamore a eu l'honneur et la
satisfaction d'être applaudi par des applaudissements de mains humaines.

Dès lors, ses habitudes devinrent si entièrement celles du danseur que,
lorsqu'il prodiguait des attentions occasionnelles à ses amantes, il se tenait
toujours sur ses pattes de derrière, faisant de petits saluts courtois et tendant
les orteils comme un vaillant marquis de l' *ancien régime* ; il ne manquait que le
chapeau d'opéra à plumes sous le bras.

Hormis ces intermèdes occasionnels, le personnage de Zamore était aussi
splénétique que celui des autres acteurs comiques, et il ne prenait aucune part
à la vie ordinaire de la maison. Il ne bougeait que lorsqu'il voyait son maître
prendre son chapeau et sa canne, et il mourut finalement d'une fièvre
cérébrale, causée, comme nous le supposions, par le surmenage et l'excitation
de l'apprentissage du *Schottische* , alors à la mode. De sa tombe, Zamore
pourrait dire, comme le danseur grec de l'épitaphe : « Couche-toi légèrement
sur moi, terre, car je n'ai pesé que très légèrement sur toi. »

Certains se demanderont peut-être pourquoi, avec des talents si
remarquables, Zamore n'a pas été engagé dans la troupe de M. Corvi . Même
alors, nous avions suffisamment d'influence en tant que critique pour
négocier un tel arrangement si cela était souhaitable. Mais Zamore ne voulait
pas quitter son maître ; il a sacrifié son amour-propre à son amour,
dévouement qu'on ne peut espérer trouver bien souvent parmi les hommes.

Notre danseuse fut remplacée par un chanteur nommé Kobold, un épagneul
King Charles de la plus pure race, ramené des célèbres élevages de Lord
Lauder. Rien de terrestre n'a jamais été aussi chimère que ce drôle de petit
être, avec son front énorme et bombé, ses yeux proéminents, son nez qui
semblait cassé à la base et ses longues oreilles qui balayaient le sol. Transporté
en France, Kobold, qui ne parlait que l'anglais, parut d'abord à moitié
stupéfait. Les ordres donnés lui étaient parfaitement inintelligibles. Entraîné
à obéir à « Vas-y », « Viens ici », il restait immobile et perplexe au son de
« Va » et de « Va-t'en ».

Il lui a fallu un an pour apprendre suffisamment bien la langue de son
nouveau pays pour pouvoir participer à une conversation. Kobold était très
sensible à la musique et chantait lui-même plusieurs petites chansons, mais
avec un fort accent anglais. La note clé lui était donnée au piano, il captait le
ton exact et, d'une voix de flûte et de soupir, gazouillait des passages qui

étaient vraiment musicaux et n'avaient aucun rapport avec des aboiements ou des jappements .

Quand nous voulions qu'il recommence, il suffisait de dire : « Chante encore un peu », et il recommençait aussitôt la cadence. Pour un être élevé dans le luxe le plus délicat et avec tous les soins qu'on donnerait naturellement à un ténor et à un gentleman de distinction, Kobold avait les goûts les plus singuliers. Il dévorait la terre comme un Indien Digger ; et cette habitude, dont il ne pouvait être guéri, lui provoqua une maladie dont il mourut. Il avait un fort penchant pour les palefreniers, les chevaux et les écuries en général, et nos poneys n'avaient pas de camarade plus dévoué que lui. En fait, on peut dire qu'il partageait son temps entre les loges et le piano.

De Kobold, le King Charles, nous passons à Myrza , un petit chien de compagnie cubain, qui eut autrefois l'honneur d'appartenir à Giula. Grisi , de qui nous l'avons reçue en cadeau. Elle est blanche comme neige, surtout lorsqu'elle vient d'être lavée et avant d'avoir eu le temps de se rouler dans la poussière, manie que certains chiens partagent avec une certaine espèce d'oiseaux aux ailes poussiéreuses. C'est le plus doux des animaux, très démonstratif et naïf comme une colombe. Rien de plus drôle que sa tête hirsute, son visage composé de deux yeux brillants comme des clous de meubles et un petit nez qu'on pourrait facilement prendre pour une truffe du Piémont. De longues mèches de cheveux, aussi bouclées que la laine d'Astrakan , volent autour de ce nez dans une confusion pittoresque, tombant tantôt dans un œil, tantôt dans l'autre, le tout formant la physionomie la plus fantaisiste qu'on puisse imaginer, aussi étrange et aussi irréelle que le visage d'un caméléon.

Dans le cas de Myrza, la nature a imité l'art avec une telle perfection qu'on serait prêt à jurer qu'elle sort tout droit de la vitrine d'un magasin de jouets. Avec son collier bleu, sa clochette argentée et ses cheveux frisottis réglementaires, elle ressemble exactement à un chien en carton ; et quand elle aboie, on examine instinctivement ses pieds pour voir s'il n'y a pas une petite machine à grincer accrochée sous les pattes.

Myrza , qui passe les trois quarts de la journée à dormir, de sorte que la vie lui semblerait à peu près la même si elle était en réalité bourrée, et qui, dans des circonstances ordinaires, est tout sauf brillante, a néanmoins donné un jour une preuve d'intelligence telle que nous n'avons jamais connu chez aucun autre chien. Bonnegrâce , qui a peint ces portraits de Tchoumakoff et de MEH, dont on a tant parlé lorsqu'on les exposait, nous avait apporté un portrait peint d'après le style de Pagnest , si plein de couleurs vives, de lumière et de vie. ombre. Bien que nous ayons toujours vécu dans des relations si intimes avec les animaux, et que nous puissions citer des centaines d'exemples où chats, chiens et oiseaux se sont montrés sages, philosophiques et ingénieux, nous sommes forcés d'admettre que le goût pour l'art fait totalement défaut parmi eux. eux. Nous n'avons jamais vu un animal faire la moindre attention à un tableau, et l'histoire des oiseaux qui picoraient les raisins peints par Apelles nous a toujours paru une pure invention. La seule distinction essentielle entre l'homme et la bête semble être précisément ce sens de l'art et ce sentiment de décoration. Un chien serait tout aussi susceptible de mettre des boucles d'oreilles que de perdre du temps avec des photos.

Eh bien, Myrza , apercevant le portrait de Bonnegrace adossé au mur, sauta du tabouret où elle était roulée comme une balle, se précipita sur la toile, et se mit à aboyer furieusement, essayant de mordre l'intrus intrusif qui était entré dans la pièce. chambre. Sa surprise fut extrême lorsqu'elle reconnut qu'elle avait à traiter avec une surface plane, sur laquelle ses dents ne faisaient aucune impression et qui n'était qu'un spectacle trompeur. Elle sentit le tableau, essaya en vain de se glisser derrière le cadre, nous regarda tous les deux avec un air interrogateur dans son e oui, puis retourna vers le tabouret et reprit sa sieste, ne se souciant plus du monsieur à l'huile. . Son propre visage, quant à lui, ne sera pas perdu pour la postérité, car il existe un beau portrait d'elle, peint par M. Victor Madarasz , artiste hongrois.

Nous conclurons notre chapitre sur les chiens avec l'histoire de Dash. Un jour, un chiffonnier s'est arrêté à notre porte à la recherche de morceaux de verre brisé et de vieilles bouteilles. Dans sa charrette se trouvait un chiot âgé de trois ou quatre mois, qu'on lui avait dit de noyer, ordre qui troublait l'honnête garçon, à qui le chiot jetait des regards tendres et suppliants, comme s'il comprenait la situation. La raison de la sentence sévère prononcée contre le pauvre animal était qu'une de ses pattes avant était cassée.

La pitié s'est réveillée dans notre cœur, et nous avons adopté sur-le-champ le condamné. On fit venir un vétérinaire qui arrangea la jambe et la mit en attelles ; mais Dash persistait à ronger les bandages, de sorte que les os ne se rejoignaient pas, et la patte restait inutilement pendante, comme la manche d'un homme qui a perdu son bras. Cette infirmité n'empêchait cependant pas Dash d'être l'un des chiens les plus gais, les plus vifs et les plus alertes ; et il courait sur trois jambes aussi vite qu'il était souhaitable.

C'était le plus commun des chiens des rues, un véritable bâtard, sur la race duquel Buffon lui-même aurait été embarrassé de se prononcer. Il était la laideur personnifiée, mais possédait un visage expressif, pétillant d'intelligence. Tout ce qu'on lui disait, il le comprenait, son expression changeant selon que les paroles, prononcées sur le même ton, étaient flatteuses ou injurieuses. Il roulait des yeux, retroussait ses babines, se livrait à des frémissements effrénés et nerveux, ou riait en montrant une rangée de dents blanches ; et, en bref, produisit l'effet le plus comique dont il était tout à fait conscient. Très souvent, il essayait de parler. Les pattes posées sur nos genoux, il nous regardait avec un regard intense et commençait une série de murmures, de soupirs et de grognements, si variés dans l'intonation qu'il était facile de voir qu'ils faisaient partie d'un langage régulier. De temps en temps, au milieu de cette conversation, Dash poussait un cri soudain et bruyant. Alors nous le regardions sévèrement et disions : « C'est aboyer, ce n'est pas parler. Se pourrait-il qu'après tout tu ne sois qu'un animal ? Sur quoi Dash, très humilié par cette insinuation, recommençait sa vocalisation, y jetant une expression encore plus pathétique. Personne ne pouvait douter qu'il ne rendît alors compte de ses malheurs.

Dash adorait le sucre. Il venait toujours avec le café après le dessert et faisait le tour de la table pour mendier un morceau de sucre à chacun avec une urgence qui manquait rarement de succès. Il finit par considérer ces dons bienveillants à la lumière d'un impôt régulier, qu'il exigeait rigoureusement. Ce chien, dans le corps d'un Thersite , portait l'âme d'un Achille. Tout infirme qu'il était, il attaquait constamment, avec la frénésie d'un courage héroïque, des chiens dix fois plus gros que lui, et était effroyablement battu. Comme Don Quichotte, le brave chevalier de La Manche, il partit en triomphe et revint dans un état des plus pitoyables. Hélas, il fut victime de ce courage erroné. Il a été ramené chez nous, il y a quelques mois, mis en pièces par une aimable brute de Terre-Neuve, qui, le lendemain, a brisé l'épine dorsale d'un lévrier.

La mort de Dash a été suivie de toutes sortes de catastrophes. La maîtresse de la maison où il avait reçu son coup mortel fut brûlée vive dans son lit quelques jours après ; et son mari, en essayant de la sauver, connut le même sort. Ce n'était pas une expiation, ce n'était qu'une coïncidence fatale, car ils étaient les meilleurs gens du monde, aimant les animaux comme les brahmanes, et n'étant en aucun cas responsables du triste sort de notre pauvre Dash.

Nous avons maintenant un autre chien, qui s'appelle Nero, mais c'est une acquisition trop récente pour avoir une histoire.

Dans le prochain chapitre, nous proposons de donner une chronique des différents caméléons, lézards, pies et autres petites créatures qui ont fait partie de notre maison d'animaux de compagnie.

NB Hélas, Néron est mort ! Il a été empoisonné un jour ou deux depuis, aussi complètement que s'il avait soupé avec les Borgia, et le premier chapitre de sa vie commence et se termine par une épitaphe.

CHAPITRE V.
CAMÉLÉONS, LÉZARDS ET PIES.

Il était une fois nous nous trouvions au port de Santa-Maria dans la baie de Cadix, un petit village qui semble taillé dans le pain blanc de l'Espagne, entre l'indigo de la mer et le lapis-lazuli du ciel. Il était midi, et ce jour-là il faisait si chaud que le soleil semblait s'amuser à faire tomber des cuillerées de plomb fondu sur la tête des voyageurs , comme la garnison d'une forteresse assiégée, par quelque artifice bien calculé, verse des eaux bouillantes. de l'huile ou de la poix sur la tête de ses assaillants. Ce petit port pittoresque est rendu célèbre par la célèbre chanson du *patois andalou* de Murillo-Bravo, « Les taureaux de Puerto », dans laquelle le vaillant batelier dit à la dame qui va s'embarquer : « Lleve V. la patita ». Nous fredonnâmes le refrain d'une voix qui ne chante pas moins faussement en espagnol qu'en français, suivant du regard, tout en chantant, la ligne droite comme la lisière d'un linge que projetait l'ombre au pied du le mur.

LE CAMÉLÉON.

C'était un jour de marché, et sur la place étaient exposées à la vente des marchandises étrangères de toutes sortes, dont les couleurs étaient assez belles pour enchanter Ziem lui-même. Des guirlandes de poivrons rouge vif se balançaient au-dessus de melons vert foncé, dont certains avaient été coupés en deux pour montrer la pulpe rose à l'intérieur, parsemée de taches noires comme une coquille des mers du Sud. De lourdes grappes de raisins clairs et jaunes, comme des perles d'ambre, rappelant par leur belle transparence les chapelets turcs, pendaient à côté de grappes d'une couleur bleuâtre, et d'autres qui étaient d'une teinte améthystine nuancée d'un pourpre plus foncé. Les pois chiches en nattes de mauvaises herbes arrondissaient leurs globes d'or paly ; des grenades, éclatant leur écorce, montraient à l'intérieur des coffrets de rubis. Les marchandes de fruits, avec leurs capes écarlates et jaunes, leurs jupons de soie noire, leurs pieds nus enfoncés dans des pantoufles de satin, — et quels pieds, à peine plus gros qu'un biscuit de Savoie ! — leurs éventails en papier se tenaient contre la joue pour tenir lieu d'un parasol, fièrement assis à côté de leurs légumes bavardant avec cette volubilité andalouse si pleine de grâce. Çà et là quelque galant de passage, se balançant sur la pointe de sa canne blanche, sa veste se balançant sur ses épaules, une large ceinture de Gibraltar lui encerclant la taille de l'aisselle aux hanches, sa culotte élastique ouverte au genou et des bottes en cuir de Ronda. déboutonné jusqu'en haut de la jambe, dans ce qui semble être le comble du style, s'attarda un moment pour jeter un regard séducteur tout en roulant entre le pouce et l'index sa cigarette de papier alcoy . C'était un de ces effets aveuglants de la lumière et des couleurs du Sud qu'on qualifierait d'exagération de la nature si un artiste tentait d'en reproduire pleinement la vérité crue et éblouissante.

Nous avons cherché un refuge contre la douche ardente du soleil dans le patio des Trois Rois Maures. Un *patio* , comme tout le monde le sait, est une cour intérieure entourée d'arcades, dont la disposition rappelle celle des *impluviums antiques* . Au lieu d'un toit, il est ombragé par un auvent en toile rayé de couleurs gaies, appelé en espagnol velarium , qui est constamment maintenu humide, afin d'assurer une plus grande fraîcheur. Au milieu de ce patio, un mince filet d'eau montait et descendait d'un bassin de marbre, jetant une fine gerbe sur des caisses de myrtes, de grenades et de lauriers-roses, qui étaient groupées autour de lui. Des canapés recouverts de crin et des chaises de cannage étaient disséminés sous les arcades. Les guitares, suspendues aux murs, jetaient dans l'ombre des reflets brillants, tandis que la lumière brillait sur leurs surfaces vernies, et à côté d'elles pendaient les disques bruns des tambourins.

Ces patios sont courants dans les maisons mauresques d'Algérie, et on ne peut imaginer de meilleur moyen d'assurer la fraîcheur. C'est une invention des Arabes adoptée par les Espagnols. Sur les chapiteaux des petites colonnes, dans de nombreuses habitations, on peut encore lire des versets du Coran glorifiant Allah, ou les éloges de quelque calife jadis refoulé au cœur de l'Afrique et oublié.

Après avoir vidé une carafe d'eau froide non vitrée, nous nous retirâmes dans l'une des pièces ouvrant sur le patio pour faire une sieste. Nos yeux somnolents erraient vers le plafond de la chambre basse, qui, comme tous les plafonds espagnols, était blanchi à la chaux et orné au milieu d'une rosace découpée en parties jaunes, noires et rouges comme les flancs d'une boule. De cette rosace pendait une corde destinée, sans doute, à retenir une lampe ; et le long de cette corde, un objet mystérieux se déplaçait vers le haut. Nous plaçons notre lunette sous l'arcade de notre sourcil, et nous constatons enfin que la chose qui, avec tant de peine, grimpait sur la corde vers le plafond, était une espèce de lézard, d'un jaune grisâtre, et d'un forme qui avait quelque chose de monstrueux, rappelant en miniature ces vastes Sauriens disparus de la terre à la fin de l'époque antédiluvienne.

On appela la servante de l'auberge, Pepa , Lola ou Casilda , nous ne pouvons nous rappeler le nom exact, mais nous sommes prêts à jurer qu'elle était une excellente personne, et elle expliqua que la créature sur la corde était un caméléon.

Lola, si c'était bien Lola, prenant pitié de notre ignorance, et peut-être pas fâchée de montrer ses propres connaissances zoologiques , nous dit d'une manière instructive : « Ces animaux changent de couleur, vous savez, selon l'endroit où ils se trouvent. c'est le cas, et ils vivent de l'air.

Durant notre brève conversation, les caméléons (car ils étaient deux) continuèrent leur ascension de la corde. On ne peut rien imaginer de plus absurde que leur apparence. Il faut avouer que le caméléon n'est pas beau, et, quoiqu'on dise que la nature fait tout bien, il nous semble qu'en s'y prenant un peu plus de peine, elle aurait facilement pu faire un animal plus joli que lui. Mais comme tous les grands artistes, la nature a ses caprices, et elle s'amuse parfois à modeler des formes grotesques. Les yeux du caméléon, presque complètement détachés de la tête, sont insérés dans des sacs membraneux externes et ont une totale indépendance de mouvement. Ils peuvent regarder à droite avec l'un et à gauche avec l'autre, projeter l'un vers le ciel et l'autre vers le sol, produisant ainsi une variété de strabismes qui ont l'effet le plus extraordinaire. Une poche gonflée sous la mâchoire, semblable à un goitre , donne au pauvre animal un air de complaisance hautaine et de vanité stupide, dont il est aussi inconscient qu'innocent. Ses pattes mal formées forment un angle saillant au-dessus de la ligne de son dos, et ses mouvements sont à la fois disgracieux et dénués de sens.

L'un des caméléons avait maintenant atteint le sommet de la ficelle et le centre de la rosace. Sortant une pitoyable petite patte, il essaya le plafond pour voir s'il était possible de s'y accrocher et ainsi de s'échapper. En faisant cette expérience, pour la centième fois peut-être, il plissa les yeux de la manière la plus désespérée et la plus touchante, comme pour invoquer le secours du ciel et de la terre ; puis, ne voyant aucun espoir de sortie de ce côté, il se remit à descendre lentement la corde, avec un regard triste, résigné et pitoyable, emblème du travail inutile, Sisyphe des énergies gaspillées. A mi-chemin, les deux créatures se rencontrèrent, échangèrent des regards censés être amicaux peut-être, mais horribles à cause de leurs regards louches, et formèrent pendant un moment ou deux un groupe qui ressemblait à un groupe hideux sur la ligne perpendiculaire du fil.

Après quelques contorsions ridicules, le groupe se démêla, chaque caméléon continuant sa route, celui qui descendait atteignant le bout de la corde, étendant une patte arrière, sondant l'air avec précaution et ne trouvant aucun point d'appui, le rentrant avec un mouvement découragé dont la mélancolie déchirante et absurde déjoue toute description. Par une de ces associations d'idées dont on ne peut s'expliquer, mais que l'esprit conçoit sans comprendre pourquoi, les caméléons m'ont rappelé une des plus sombres gravures de Goya, où sont représentés des spectres qui, avec des bras faibles et ténébreux, tentent de soulever de lourdes pierres qui roulent dessus et les écrasent, conflit inégal de faiblesse avec le destin.

Afin de délivrer ces pauvres animaux de leurs souffrances, nous leur avons acheté une sorte de cage rudimentaire. Elle était de bonne dimension et, une fois installés, ils purent se passer de ces exercices acrobatiques qui semblaient les rendre si malheureux. Quant à la question alimentaire, n'en déplaise à la frugalité sudiste, cette vie de l'air par son nom même semble insuffisante. Un amoureux espagnol pourra peut-être déjeuner avec un verre d'eau, dîner avec une cigarette et souper au son de sa mandoline ; mais les goûts des caméléons sont moins raffinés, et ils désirent et dévorent les mouches, qu'ils attrapent de la manière la plus étrange, en sortant de la gorge une sorte de longue lance recouverte d'une bave visqueuse, qui adhère aux ailes de l'insecte. , et, une fois aspiré à nouveau, l'emporte corporellement avec lui dans l'œsophage.

Les caméléons changent-ils de couleur selon l'endroit où ils se trouvent ? Au sens littéral du terme, ce n'est pas le cas, mais leur peau, brisée par de petites aspérités en forme de facettes , absorbe plus facilement que les autres corps les teintes des objets environnants. Placé près d'une chose rouge, ou jaune ou verte, le caméléon semble s'imprégner de cette couleur, mais, après tout, ce n'est qu'un effet de réfraction. Une plaque de métal poli sera colorée de la même manière ; il n'y a pas de réel pouvoir d'absorption. Dans son état ordinaire, le caméléon est d'un gris-vert ou d'un gris jaunâtre. Cependant, ceux qui ont le goût du merveilleux pourront, s'ils le veulent, affirmer que le caméléon change de couleur à volonté, et est ainsi l'emblème propre de la polyvalence politique ; mais il faut nous permettre de dire à notre tour qu'après des observations minutieuses et prolongées, nous sommes convaincus que les caméléons sont entièrement indifférents aux affaires d'État et à tout ce qui s'y rapporte.

Nous avions hâte de ramener nos caméléons chez nous, mais l'automne était proche et, même si le soleil était encore très chaud, nous suivions la côte vers le nord de Tarifa à Port Vendres , en passant par Gibraltar, Malaga, Alicante. , Almeria, Valence et Barcelone, les pauvres bêtes ont disparu sous nos yeux. À mesure qu'ils émaciaient, leurs yeux semblaient sortir de leur tête et gagner en importance de jour en jour. Leur louche s'accentua ; sous leurs peaux lâches et flasques, leurs minuscules squelettes devenaient de plus en plus distincts à chaque kilomètre. C'était un spectacle pitoyable, ces lézards phtisiques se livrant faiblement à la danse de la mort, et trop faibles même pour tirer leur langue collante pour les mouches que nous ramassions pour eux dans la cuisine du paquebot. Ils moururent à quelques jours d'intervalle et la Méditerranée bleue fut leur tombeau.

Des caméléons aux lézards, la transition est facile. Notre plus jeune fille reçut un jour en cadeau un lézard capturé à Fontainebleau et qui l'aimait beaucoup. La couleur de Jacques était le plus beau vert Véronèse qu'on puisse imaginer. Ses yeux étaient très brillants, ses écailles se chevauchaient avec la plus parfaite régularité et ses mouvements étaient extraordinairement rapides. Il ne quittait jamais sa petite maîtresse et se cachait généralement dans une boucle de ses cheveux près du peigne. Niché là, il l'accompagnait au spectacle, aux promenades, aux soirées, sans trahir une seule fois sa présence ; seulement, quand la jeune fille jouait du piano, il désertait sa retraite, descendait son épaule et se glissait jusqu'au bout du bras, préférant toujours la main droite, qui joue l'air, à la main gauche, qui fait l'accompagnement. , — témoignant ainsi de sa préférence pour la mélodie plutôt que pour l'harmonie.

La maison de Jacques était une boîte de verre tapissée de mousse, qui contenait autrefois des cigares russes de la manufacture Eliseïeph . On peut donc à juste titre dire que sa vie privée était ouverte au public. Sa nourriture consistait en gouttes de lait, qu'il préférait prendre au bout du doigt de sa maîtresse. Il mourut de chagrin et de faim pendant son absence pour un voyage auquel elle n'avait pas osé l'exposer à cause de la rigueur du temps.

Il n'y a rien à dire sur Balylas , le moineau, sinon qu'il est mort. Un coup sous l'aile, d'une griffe, mit fin à sa carrière, et il fut enterré dans une boîte à dominos.

Il ne nous reste plus qu'à décrire Margot, la pie, une commère très intelligente et bavarde, digne de vivre dans une cage en osier à la fenêtre d'un concierge et d'être nourrie de fromage blanc. Nous avons perdu beaucoup de temps à essayer de lui apprendre les langues mortes. On ne lui a jamais appris à prononcer correctement le latin « Bonjour », comme le faisaient les pies pompéiennes. Elle ne pouvait pas dire « Ave », mais elle disait bien d'autres choses. C'était un oiseau des plus comiques et des plus divertissants, qui jouait à cache-cache avec les enfants, dansait la danse à la Pyrrhus et attaquait sans crainte un certain nombre de chats, courant après eux et leur mordillant le bout de la queue ; quel acte malveillant elle complétait toujours par un grand éclat de rire. Elle était aussi voleuse que la « Gazza Ladra » elle-même, et égale à faire pendre dix domestiques sur de fausses accusations. En un clin d'œil, elle arrachait tous les couteaux, fourchettes et cuillères de la table. Elle s'emparait de l'argent, des ciseaux, des dés à coudre, de tout ce qui brillait et s'envolait rapidement vers sa cachette. Comme le coin où elle déposait ses biens volés était bien connu de nous tous, nous le lui permettions ; mais les domestiques d'une famille voisine furent moins indulgents, et ils la tuèrent un jour parce que, disaient-ils, elle avait volé une paire de draps neufs, accusation qui fit penser à ce petit chat de Comment réussir. qui dévorait quatre livres de beurre et ne pesait plus que trois quarts de livre après lui ! Le maître et la maîtresse de la maison aperçurent l'idée et rebutèrent aussitôt les imbéciles des domestiques ; mais ces représailles n'arrangeaient pas les choses ; le cou de dame Margot n'en était pas moins tordu. Elle était déplorée par tout le voisinage, que sa bonne humeur et ses facéties maintenaient dans un état de distraction constante.

CHAPITRE VI.
LES CHEVAUX.

Ne soyez pas pressé de nous accuser de maladresse en voyant le titre de ce chapitre. Chevaux ! — un mot en effet glorieux pour la plume d'un homme de lettres. *Musa pedestris* (la muse va à pied), dit Horace, et tout le Parnasse ensemble n'avait qu'un seul cheval dans son écurie, le bien connu Pégase ; et lui, si l'on en croit la ballade de Schiller, était une bête ailée, et pas du tout facile à atteler. Nous ne sommes pas sportifs, hélas, et nous le regrettons profondément, car nous aimons les chevaux comme si nous avions cinq cent mille francs de revenu par an, et nous sommes tout à fait d'accord avec les Arabes dans leur mépris pour les gens qu'on force à marcher. Le cheval est le piédestal naturel de l'homme, et l'existence parfaite est celle du Centaure, cette ingénieuse invention mythologique.

Cependant, bien que nous soyons un simple homme de lettres, nous avions autrefois des chevaux. Vers 1843 ou 1844, alors que nous étions occupés à passer le sable du journalisme au tamis des journaux quotidiens, suffisamment de particules dorées apparurent pour permettre d'espérer qu'en plus des chiens, des chats et des pies, nous pourrions être capables de trouver de la nourriture pour quelques animaux de plus grande taille. Au début, c'était deux poneys Shetland, de la taille d'un gros chien et hirsutes comme des ours, qui nous regardaient à travers leurs longues crinières noires avec des visages si amicaux que nous étions beaucoup plus enclins à les emmener avec nous dans le salon plutôt que de les envoyer dans leur écurie. Ils se servaient du sucre de nos poches, tout comme des chevaux dressés. Cependant, pour être utilisés, ils étaient tout à fait trop petits. Ils auraient très bien répondu à porter un enfant anglais de huit ans, ou à servir de chevaux de carrosse à Tom Thumb ; mais, même à cette époque, nous étions dotés de la même carrure athlétique qu'aujourd'hui, et couronnés de la même chair abondante qui nous caractérise encore, et que nous avons pu supporter, sans céder sous son poids, pendant quarante années consécutives. . La différence de taille entre le maître et les bêtes était bien trop apparente à l'œil, mais il faut dire que pour les poneys, ils n'avaient aucune difficulté à tirer leur phaéton léger, auquel ils étaient attachés par un minuscule harnais de fauve pâle. du cuir coloré, qui semblait avoir été acheté dans un magasin de jouets.

À cette époque, les journaux illustrés de bandes dessinées n'étaient pas aussi nombreux qu'aujourd'hui, mais il en existait de nombreux pour nous caricaturer, nous et notre équipage. Bien sûr, avec l'exagération permise dans de tels cas, nous étions investis de proportions éléphantesques, comme celles de Ganesa, le dieu indien de la sagesse, tandis que les poneys diminuaient jusqu'à la taille de chiots, ou, encore moins, à celle de rats et de chiens. souris. Il est vrai que nous aurions pu, sans grande difficulté, porter les petites bêtes, une sous chaque bras, et le phaéton en guise de botte sur le dos. Nous avons débattu un instant de la possibilité d'en exploiter quatre, mais ce quatre en main liliputien aurait été encore plus visible. C'est donc avec beaucoup de regret (car nous avions déjà pris de l'affection pour ces douces créatures) que nous les avons échangés contre une paire de poneys gris pommelé de plus grande taille, avec un cou fort, une poitrine large et des épaules massives, qui, bien qu'assez loin d'être Les Mecklembourgeois semblaient au moins capables d'attirer les adultes. C'étaient des juments, l'une nommée Jane et l'autre Betsey.

En apparence, ils se ressemblaient comme deux gouttes d'eau. Jamais il n'y a eu de meilleur match en ce qui concerne l'apparence ; mais autant Jane était courageuse, autant Betsey était indolente. Tandis que la première tirait sur le col, l'autre trottait à ses côtés avec contentement, évitant le travail et ne se donnant aucune peine. Ces deux animaux, de même race, de même âge, destinés à vivre côte à côte dans des stalles, éprouvaient l'un pour l'autre la plus forte antipathie. Ils ne pouvaient pas se supporter, se battaient dans l'écurie, craquaient et mordaient en caracolant dans les traces. Rien ne pouvait les réconcilier. C'était dommage aussi, car avec leurs crinières en brosse taillées comme celles des chevaux du Parthénon, leurs narines reniflantes et leurs yeux dilatés de fureur, ils présentaient un air plutôt triomphant en parcourant les Champs- Élysées .

Nous fûmes obligés de chercher un substitut à Betsey, et nous en trouvâmes un chez une petite jument à la peau d'une couleur un peu plus claire, car la teinte que nous voulions ne pouvait pas être exactement assortie. Jane approuva tout de suite ce nouveau venu, dont elle parut charmée, et fit les honneurs de l'écurie de la manière la plus gracieuse. La plus tendre amitié s'établit bientôt entre eux ; Jane posait sa tête sur l'épaule de Blanche, ainsi nommée parce que sa nuance de gris frôlait le blanc, et lorsqu'ils étaient lâchés dans la cour pour s'aérer, ils jouaient ensemble comme des chiens ou des enfants. Si l'une était chassée avec un seul harnais, l'autre, laissée en arrière, paraissait triste, donnait des signes de solitude, et, quand au loin elle entendit résonner les sabots de son camarade sur le trottoir, elle poussait un hennissement joyeux comme le souffle d'une tempête. une trompette à laquelle son amie qui s'approchait ne manquait jamais de répondre.

Ils venaient se faire harnacher avec une docilité remarquable et se rendaient d'eux-mêmes à leur place de part et d'autre du poteau. Comme tous les animaux aimés et bien traités, Jane et Blanche acquièrent bientôt la plus parfaite confiance et la plus parfaite familiarité. Ils nous suivaient partout sur leurs pattes arrière comme des chiens et, lorsque nous restions immobiles, posaient leur tête sur nos épaules pour se faire caresser. Jane adorait le pain, Blanche le sucre. Tous deux adoraient l'écorce de pastèque, et il n'y avait rien qu'ils ne feraient pour obtenir ces friandises.

Si seulement les hommes n'étaient pas aussi odieusement féroces et brutaux qu'ils le sont trop souvent, avec quelle joie et bonne humeur les animaux joueraient avec eux ! Cet être, qui peut penser, parler, faire tant de choses qu'ils ne peuvent comprendre, remplit leurs pensées vaguement comprises, et est pour eux un étonnement et un mystère perpétuels. Combien de fois les animaux nous regardent avec des yeux pleins de questions, questions auxquelles nous ne pouvons pas répondre, faute de connaître la clé de leur langage ! Ils ont néanmoins un langage par lequel, par des sons et des intonations que nous remarquons à peine, ils échangent des idées, confuses peut-être, mais néanmoins des idées que peuvent comprendre les créatures de leur sphère de sentiment et d'action. Moins stupides que nous en l'occurrence, ils parviennent à apprendre quelques mots de notre idiome, mais pas assez pour leur permettre de causer avec nous. Ces mots sont pour la plupart des réponses à nos exigences, nos relations sexuelles sont donc naturellement brèves. Mais que les animaux parlent entre eux, personne ne peut en douter qui a jamais vécu familièrement avec des chiens, des chats, des chevaux ou toute autre sorte d'animaux.

À titre d'exemple, Jane, qui par nature était parfaitement intrépide, ne reculant devant aucun obstacle et n'ayant peur de rien, a changé de caractère après avoir vécu quelques mois dans la même étable avec Blanche et a commencé à manifester des peurs soudaines et inexplicables. . Son compagnon, plus timide, lui avait sans doute raconté des histoires de fantômes la nuit. Parfois, en courant au crépuscule à travers le bois de Boulogne, Blanche s'arrêtait net et s'écartait brusquement, comme pour éviter quelque fantôme qui, invisible pour nous, lui était apparu. Toute tremblante, avec des respirations bruyantes et le corps couvert de sueur, elle se cabrait tout droit si on essayait de la faire avancer en la touchant avec le fouet. Jane ne pouvait pas la forcer à le suivre, même si elle essayait de toutes ses forces. Dans ces cas-là, il n'y avait qu'à sortir, à couvrir les yeux de Blanche et à la conduire quelques pas jusqu'à ce que la vision prenne son envol. Jane finit par se laisser vaincre par ces terreurs, que Blanche, de retour en sécurité dans son écurie, lui expliqua sans doute en détail. Il faut bien l'avouer, lorsque, au milieu d'une ruelle sombre, où le clair de lune semait des lumières et des ombres fantastiques, Blanche, si docile d'habitude, — Blanche, qui, pour l'exciter au galop, n'avait besoin que de rien de plus lourd que le fouet de la reine Mab. qui était faite d'os de grillon avec des cils arachnéens, s'est plantée brusquement sur ses quatre pieds comme si un spectre s'était emparé de sa bride, et avec une obstination invincible a refusé de faire un pas en avant, nous n'avons pas pu empêcher un froid glacial de parcourir notre colonne vertébrale. . En fouillant l'ombre d'un regard inquiet, on imaginait presque y déceler le visage effroyable d'un des « Caprices » de Goya, là où n'étaient en réalité que d'innocentes silhouettes de bouleaux feuillus ou de hêtres.

C'était un de nos grands plaisirs de conduire nous-mêmes ces charmants animaux, et une entente intime s'établit bientôt entre nous. Si nous tenions les rênes entre nos mains, c'était surtout pour le look de la chose. Le moindre clic de langue suffisait pour les guider à droite ou à gauche, pour les faire ralentir ou les arrêter. En très peu de temps, ils apprirent toutes nos habitudes. Ils allaient d'eux-mêmes au bureau du journal, chez les imprimeurs, chez les rédacteurs, au bois de Boulogne, dans les maisons où nous dînions certains jours de la semaine, tout cela avec une telle exactitude qu'à la fin cela devenait absolument compromettant. En consultant Jane ou Blanche, chacun aurait pu se procurer l'adresse de nos lieux de visite les plus mystérieux. Si, en poursuivant quelque conversation intéressante ou tendre, nous oubliions la fuite du temps, ils nous le rappelaient en hennissant et en frappant du sabot sous le balcon.

Malgré le plaisir de parcourir la ville en phaéton avec nos petits amis pour le tirer, nous ne pouvions nous empêcher de trouver parfois le vent vif et la pluie froide, quand arrivaient ces mois si bien baptisés dans le calendrier républicain : « Brumaire, Frimaire » . , Pluviôse , Ventôse et Nivôse . Nous achetâmes donc un coupé bleu bordé de reps blancs, si petit qu'on le comparait à celui du nain le plus célèbre de l'époque, insulte dont nous nous inquiétions très peu. Un coupé marron doublé de grenat succéda au bleu, et fut remplacé plus tard par un coupé couleur oeil de corbeau tapissé de bleu profond ; car nous nous complaisions dans les voitures, bien que nous ne soyons qu'un pauvre gribouilleur, sans aucun revenu indiqué dans le gros livre, et aucun héritage ne nous a laissé depuis des années ; et nos poneys, bien que nourris de littérature, pour ainsi dire, avec des noms pour foin, des adjectifs au lieu d'avoine et des adverbes au lieu de paille, n'en étaient pas moins gras et brillants à cause de cela. Hélas, juste à ce moment-là, on ne savait pas exactement pourquoi, arriva la Révolution de Février. Des pavés étaient creusés de toutes parts à des fins patriotiques, et les rues n'étaient plus accessibles aux véhicules à roues. Nous aurions facilement pu escalader les barricades avec nos poneys agiles et leur équipage léger, mais malheureusement nous n'avions plus de crédit qu'à la cuisine. Les chevaux ne peuvent pas être nourris avec du poulet rôti. L'horizon s'abaissait avec de gros nuages noirs, traversés par des éclairs rouges . L'argent s'alarma et se hâta de se cacher. Le journal pour lequel nous écrivions a suspendu sa publication, et nous nous sommes jugés heureux lorsqu'un acheteur s'est présenté et nous a pris chevaux, harnais et voitures au quart de leur valeur. Ce fut pour nous un chagrin amer de les faire partir, et nous ne jurerons pas qu'une ou deux larmes de sel n'ont pas coulé sur les crinières de Jane et Blanche pendant qu'elles étaient emmenées.

Ils sont parfois conduits devant leur ancienne maison par leur nouveau propriétaire ; et toujours les pieds légers s'arrêtent un instant sous les fenêtres, pour témoigner qu'ils n'ont pas oublié la demeure où ils furent autrefois si soignés et si tendrement aimés. Alors nous poussons un soupir amer et compatissant et disons du plus profond de notre cœur : « Pauvre Jane ! Pauvre Blanche ! Sont-ils heureux?"

Dans l'écrasement de nos petites fortunes, leur seule perte nous a causé un réel regret.